NOTICE

SUR LA

STATION THERMALE

DES FUMADES

(GARD)

Eaux sulfatées, calcaires, magnésiennes,
sulfhydriques et bitumineuses

PAR

le Docteur Adelphe ESPAGNE
Professeur agrégé à la Faculté de médecine de Montpellier

et le

Docteur A.-N. PICHERAL

PARIS

J.-B. BAILLIÈRE ET FILS, LIBRAIRES
19, rue Hautefeuille

MONTPELLIER	NIMES
CAMILLE COULET	**PEYROT-TINEL ET C**
Libraire-Éditeur	*Libraires*
Grand'Rue, 5	1, boulevard de la Comédie

1884

NOTICE

SUR LA

STATION THERMALE

DES FUMADES

(GARD)

Eaux sulfatées, calcaires, magnésiennes, sulfhydriques et bitumineuses

PAR

le Docteur Adelphe ESPAGNE
Professeur agrégé à la Faculté de médecine de Montpellier

et le

Docteur A.-N. PICHERAL

PARIS

J.-B. BAILLIÈRE ET FILS, LIBRAIRES

19, rue Hautefeuille

MONTPELLIER	NIMES
CAMILLE COULET	PEYROT-TINEL ET C
Libraire-Éditeur	*Libraires*
Grand'Rue, 5	1, boulevard de la Coméd

1884

Les Fumades n'ont que le tort de ne pas être voisines des Pyrénées ou des Alpes.— Heureusement, en dehors de la composition chimique des eaux et de leurs propriétés médicales, qui ne craignent aucune comparaison, les Fumades sont entourées de sites qui, sans égaler la mer de glace ou le cirque de Gavarnie, ne sont pas à dédaigner par les touristes et les archéologues. Nous espérons bien que les quelques pages suivantes contribueront à les faire connaître, et à démontrer que les malades peuvent y trouver un soulagement aussi notable que celui qu'ils vont demander à des stations thermales, similaires et plus excentriquement situées.

Après avoir fait de nos eaux et de leurs applications une étude particulière, les auteurs de ce travail ont adopté la division suivante :

Historique. — Nature. — Climat. — Applications médicales.

———

Dans l'intérêt des baigneurs, les détails utiles sur l'installation du grand établissement et de son hôtel, ainsi que l'indication des distractions, promenades et excursions, se trouvent à la fin de la notice.

V. F.

NOTICE

SUR LA

STATION THERMALE

DES FUMADES

(GARD)

> Si on compare les eaux des Fumades
> avec toutes les autres de même nature,
> on les trouve incomparablement plus
> riches en éléments médicateurs.
>
> A. Béchamp.

Dans le département du Gard, à l'extrémité orientale de l'arrondissement d'Alais et au point de réunion du tiers supérieur avec les deux tiers inférieurs de la ligne limitante qui sépare cet arrondissement de celui d'Uzès, à 6 kilomètres de la station de Saint-Julien-de-Cassagnas, sise sur la ligne d'Alais au Teil, jaillissent les eaux sulfuro-bitumineuses des Fumades. Ces eaux dépendent de la commune d'Allègre et du canton de Saint-Ambroix.

Grâce au rétablissement, pendant l'été, sur la ligne de

Nimes à Saint-Germain-des-Fossés, des trains express
contre la suppression hivernale, desquels tout le Midi a si
justement réclamé, les Fumades se trouvent à vingt heures de Paris, dix de Lyon, sept de Marseille, quatre de
Montpellier, deux de Nimes, douze de Toulouse et dix
de Clermont-Ferrand.

Montrer que ces eaux méritent, après de longs siècles
d'oubli, la faveur dont elles jouissent aujourd'hui, et qui
semble ne plus devoir les quitter ; rappeler les vertus
médicinales qu'elles possèdent et qui expliquent ce succès, tel est le but de cet opuscule.

HISTORIQUE

Toutes les personnes qui ont quelque teinture de la
littérature latine se rappellent la maxime d'Horace :

« Bien des mots renaîtront qui sont tombés en désué-
» tude, et bien d'autres tomberont en désuétude qui sont
» en honneur maintenant...»

Multa renascentur quæ jam cecidêre, cadentque
Quæ nunc sunt in honore vocabula...
« C'est affaire de mode et d'usage, »
si volet usus (1),

continue le plus limpide, le plus philosophe; nous dirions
presque le plus français des poëtes latins.

(1) *Art poétique* d'Horace, vers 70 et 71.

Cette réflexion si sensée ne doit pas être cantonnée aux mots et aux expressions usités dans les diverses langues. Elle s'applique aussi aux hommes, aux choses et aux institutions. Toutefois les Fumades, longtemps délaissées, n'ont pas besoin de recourir aux caprices de la mode pour légitimer la vogue qui les honore et qui, en 1883, y a poussé un si grand nombre de baigneurs. Elles n'ont qu'à invoquer leur ancienneté et leurs titres de noblesse.

On a dit que rien n'était si banal, si ennuyeux même, que les vérités courantes, celles qu'on a plaisamment appelées des vérités vraies. Aux yeux de certaines personnes, il n'est plus permis aujourd'hui de citer les Grecs et les Romains, tant l'attention publique a été fatiguée du rappel fait à tout propos, à temps, et quelquefois à contre-temps, des souvenirs de cet ordre. En ce qui a trait aux eaux minérales, a-t-on assez parlé du bain romain, du puisard romain, de la piscine romaine ? On en a tant raconté là-dessus, que le public en est souvent arrivé à voir dans ces récits uniquement de la fable ou de la poésie, quand il ne leur attribuait pas le caractère de mensongères réclames. Eh bien ! le public s'est trompé souvent. La Fontaine a dit dans le *Paysan du Danube :*

> ...... Il n'était point d'asiles
> Où l'avarice des Romains
> Ne pénétrât alors et ne portât les mains.

L'avarice, ou mieux le génie colonisateur des Romains, ne se bornait pas à conquérir. Partout où ce grand peuple s'établissait, il s'efforçait de cicatriser, par le culte des arts de la paix, les blessures que la guerre avait produites. Nulle part plus que dans notre Midi, et dans le département du Gard en particulier, ils n'ont laissé des monuments destinés à l'ornementation des villes, aux divertissements du peuple ou à l'entretien de son hygiène corporelle. Au milieu des édifices impérissables qui décorent Nimes, les bains romains de la Fontaine sont ceux qui intéressent le plus le médecin. Ce qui fut fait dans la capitale des Volces Arécomiques pour utiliser les eaux de fontaine, le fut aussi dans la plupart des stations balnéaires pour utiliser les eaux minérales proprement dites. Tout le sous-sol des Fumades, on pourrait presque le dire, est formé de substructions romaines. Des fouilles, exécutées en 1865, en 1876, en 1877, ont mis à découvert des travaux d'aménagement et de captage devant lesquels s'incline l'hydraulique moderne; des pièces de monnaie d'or, d'argent et de cuivre, indiquant la date des travaux mis au jour ; des *ex-voto*, des autels anépigraphes ou portant le nom de malades reconnaissants des bons effets de la source sulfureuse, ou bien décorés de bas-reliefs emblématiques, amphores ou roues fulgurantes, rappelant que c'était un traitement hydrothérapique qui avait opéré la cure , et que son succès avait été dû à l'intercession du Dieu qui lance le tonnerre. Ici, c'est un seau en chêne avec toutes ses douelles intactes, ou des conduits de même essence admirablement conservés, malgré un séjour de près de deux mille ans dans l'eau minérale; tandis que les cercles et les armatures de fer y ont été à peu près détruits, par suite de leur transformation lente en sulfure. Là, une épigraphie lapidaire des plus curieuses nous a conservé les noms d'une Quintina, fille de Maxime; d'une Casunia Quintina, d'une Lucia Aquilina, fille de Gaïus; d'un Julius Ascanius, d'un Lucrecius Euprepes, d'un Minucius Apicla, qui ont voulu laisser après eux le témoignage gravé dans la pierre de leur foi en la nymphe des Fumades, ou de leur gratitude pour le retour à la santé, obtenu par l'usage de ses eaux.

Signalées en 1736 par Boissier de Sauvages, l'illustre nosologiste de Montpellier ; en 1776 par de Gensanne, les Fumades subirent encore un trop long oubli. En 1849, M. le docteur Roch et M. le professeur Despeyroux, du collége d'Alais, se livrèrent à leur étude.

M. Dupont, ingénieur en chef des mines à Alais, adressa au préfet du Gard, en 1852, un rapport à la suite duquel MM. Gustave Delbosc, d'Auzon, maire d'Allègre, et Justet, alors possesseur des principales sources, adressèrent au gouvernement une demande en autorisation, qui fut approuvée par décision ministérielle du 3 septembre 1854. Depuis cette époque, les sources d'Auzon, successivement possédées par différents propriétaires, furent adjugées, par jugement du 29 avril 1869, à M. Gaston Huguet, qui s'en dessaisit, en 1881, en faveur de la compagnie fermière de Vichy.

La présente Notice concerne surtout ce dernier établissement, fondé en 1854. Nous n'avons pas à étudier ici l'action des autres sources. C'est dans les substructions de l'une d'elles, appelée encore quelquefois *Font Pudento* par les gens du pays, que le plus grand nombre des antiquités romaines a été mis au jour. Il n'est pas douteux que des fouilles, opérées dans le sous-sol des diverses sources, n'amènent de semblables trouvailles. La mention de ces découvertes place naturellement sous notr plume les noms de deux savants archéologues du dépa tement du Gard, Germer-Durand et Gratien Charv dont les remarquables travaux nous ont été d'un grand secours pour la rédaction de cette Notice (1).

Les Fumades ont fixé l'attention du monde savant. Il est permis d'espérer que, grâce à leur sulfuration si riche, elles seront désormais rangées parmi les eaux minérales les plus actives du midi de la France.

NATURE DES EAUX

Ce paragraphe contient les divisions suivantes : point d'émergence et débit,— caractères physiques,— saveur, —composition chimique.

POINT D'ÉMERGENCE ET DÉBIT

Les Fumades jaillissent sur le milieu d'une bande ou zone de terrains plus ou moins imprégnés de bitume, qui se développe du nord au sud, entre Barjac et St-Hippo-lyte-de-Caton, sur une longueur d'environ 32 kil., et présente dans sa partie méridionale un faible retour vers l'est. « Dans le voisinage de ces sources, la poix minérale suinte et découle, en été, à travers les fissures des bancs de calcaire lacustre éocène taillés à pic et mis à nu par un éboulement. Cette poix, mélangée d'asphalte, de mal-

(1) *Voy.*, en particulier : *les Fumades*, deuxième rapport lu à la Société scientifique et littéraire d'Alais, par G. Charvet, membre de l'Académie de Nimes et de la Société scientifique et littéraire d'Alais, correspondant du ministère de l'Instruction publique pour les travaux historiques.— Nimes, in-8°, Catélan, 1880.

the et de pétrole, entraînée jadis par les eaux pluviales, sous forme liquide, à la faveur d'une forte proportion d'huile de pétrole, surnageait à la surface du bassin d'une fontaine, aujourd'hui disparue....

» Entre Auzon et Servas se développe une petite chaîne de collines qui forme la séparation des deux bassins de la Lauze ou de la Lauzène et de l'Auzonnet, affluents de la Cèze, lesquels se réunissent à 1,600 mètres en aval des sources des Fumades. A la base de cette chaîne, règne un banc de calcaire lacustre éocène, légèrement incliné, dont les stratifications, composées de nombreux feuillets juxtaposés, présentent, sur la tranche et les surfaces de rapport, des couches d'asphalte. La couleur de la pierre, originairement d'un blanc éclatant, est altérée au point de paraître noire.

» Derrière la maison Faussigne, sur le versant oriental de la colline, on voit, à mi-côte, l'ouverture d'une galerie établie dans le but d'exploiter une petite mine de lignite, et que le peu d'abondance et la mauvaise qualité du combustible ont forcé d'abandonner. On a retiré de cette galerie des blocs d'asphalte et des cristaux de gypse remarquables.

» A Servas, la poix minérale reparaît, découle, comme à Auzon, et suinte encore dans les eaux d'une fontaine et le fond d'un ruisseau vulgairement désignés dans le pays sous le nom de *Font* et *Valat de la Pego.* Dans le voisinage de cette localité, les calcaires bitumineux sont exploités, depuis plusieurs années, pour la fabrication de l'asphalte.

. . . .

» Plus au midi et en inclinant vers l'est, sur le territoire des communes de Monteils, Saint-Hippolyte-de-Ca-

ton, Euzet et Saint-Jean-de-Ceyrargues, la constitution
bitumineuse du terrain se révèle encore par l'odeur caractéristique qui s'exhale de la pierre calcaire, surtout
pendant les grandes chaleurs, sous le frottement des
roues de voiture ou de tout autre agent. Cette particu-
larité a fait donner à cette pierre le nom de *pèiro pu-
dènto,* pierre puante.....

» Les sources sont situées sur l'emplacement des deux
concessions de bitume dites du *Puech* et des *Fumades,*
pour l'exploitation des calcaires bitumineux de l'étage
moyen lacustre, doht le gisement s'étend sur la colline
de *Costo-Caudo,* qui domine, au couchant, les sources
minérales.

» Dans les schistes lacustres dont les bancs se dévelop-
pent sur le versant oriental de la colline et à mi-côte,
on trouve de très-curieuses empreintes d'insectes et de
poissons fossiles, surtout dans les terrains situés derrière
la maison Faussigne... » (Charvet.)

Le débit de nos sources est considérable : 240,000 litres par 24 heures pour la source Thérèse, 122,000 litres par 24 heures pour la source Étienne, dit le professeur Béchamp (1). L'établissement peut donc fournir
chaque jour un nombre considérable de bains de 250
à 300 litres. C'est la quantité habituellement dépensée
pour un bain d'adulte.

Le service des pulvérisations, des douches et des divers procédés hydrothérapiques, est assuré.

____

(1) *Analyse des eaux sulfureuses des Fumades,* in *Montpellier médical,* t. XXI (juillet-décembre 1868), p. 125 et suiv.

CARACTÈRES PHYSIQUES

Une forte odeur sulfhydrique se révèle sous le vent à plusieurs centaines de mètres de distance. L'agitation d'un verre rempli aux deux tiers, et sur l'orifice duquel la paume de la main a été placée en forme de couvercle, développe cette odeur au plus haut degré.

D'une limpidité parfaite au moment où elles viennent d'être puisées, les eaux deviennent opalines au contact de l'air, par suite de la séparation d'une partie du soufre.

« Le long des ruisseaux où leur excès s'écoule, dit M. A. Béchamp, elles déposent rapidement une couche blanc jaunâtre de soufre et de matière organique. Une pièce d'argent plongée jaunit instantanément et noircit entièrement au bout de vingt secondes.

» Vues en masse, leur aspect est verdâtre, quoique parfaitement limpide. Cette apparence est due au sulfure de fer noir que contiennent les dépôts ou les bords des sources. Leur surface se couvre rapidement d'une èfflorescense blanche de soufre.

» Des sources Thérèse et Augustine, on voit par intervalle s'échapper des bulles de gaz, qui ne sont formées que de gaz azote mêlé de traces d'hydrogène sulfuré et d'acide carbonique. »

A + 15, degrés la densité de la source Thérèse est de : 1,00245
     —   celle de la source Étienne............ 1.00238
     —   celle de la source Augustine......... 1,00218

Les températures à l'émergence sont de : 14 degrés pour la première, 13 degrés pour la seconde, 9 degrés pour la dernière.

Un chauffage artificiel produit le degré de chaleur
prescrit par les médecins. Ce fait se répète dans un grand
nombre d'eaux minérales de France possédant une température naturelle inférieure ou supérieure à celle des
nôtres : Pougues, Cransac, Vals, Uriage, Allevard, etc.,
sans rien leur enlever de leur célébrité. Les eaux d'U-
riage sont artificiellement chauffées « au moyen de len-
tilles de fonte remplies de vapeur, qui sont disposées à la
partie inférieure des réservoirs d'eau minérale. Un fait
curieux à noter, c'est qu'on a découvert parmi les ruines
de l'ancien bain romain, si riches en *ex-voto* et en divers
objets d'art, un chauffoir destiné évidemment aux mêmes usages. D'après M. Chevalier, c'est le seul exemple
de ce genre qui ait été rencontré jusqu'ici dans les thermes anciens, *où l'on n'employait d'ordinaire que les eaux
suffisamment chaudes par elles-mêmes* (1). » Les baigneurs
romains des Fumades usaient-ils de l'eau à sa température naturelle ou après sa caléfaction artificielle ; est-il
improbable que de nouvelles fouilles mettent au jour les
vestiges de quelque appareil de chauffage plus ou moins
analogue à celui d'Uriage ? Communiqué à M. G. Charvet, à la Société scientifique et littéraire d'Alais, à l'Académie de Nimes.

Placées, par leur température naturelle, au degré qui
sépare les bains *froids* des bains *frais* proprement dits, les
eaux des Fumades non chauffées peuvent fournir de pré-
cieuses ressources pour les cas morbides, si nombreux
aujourd'hui, que l'on traite par l'hydrothérapie à tempé-

(1) Constantin James, *Guide pratique du médecin et du malade aux Eaux minérales de la France et de l'étranger.* —
(Article *Uriage.*)

rature basse. L'établissement d'une piscine à eau courante, construite au-dessus d'un hypocauste formé de tubes de vapeur ou d'air chauffé par un foyer, permettrait d'associer la gymnastique natatoire à l'action locale de l'eau minérale. Le débit si abondant de nos sources comporte l'installation d'une ou plusieurs piscines de cette nature. Quant à la question d'un chauffage gradué à la demande, on n'aurait que l'embarras du choix des procédés.

La fraîcheur naturelle de l'eau des Fumades coïncide avec leur inaltérabilité pendant un temps très-long. Elles possèdent, dit M. Béchamp, la propriété d'être conservées, transportées sans altération. Après un embouteillage convenable, le degré sulfhydrique n'avait pas diminué au bout de six mois.

Saveur. — « C'est celle qui distingue toutes les eaux sulfureuses : c'est un goût insupportable d'œufs couvis, spécialement accompagné ici d'une sensation d'amertume extrême et d'un arrière-goût bitumineux. » Ainsi parlait, en 1853, le docteur Roch. M. Béchamp se borne à dire que leur saveur est sulfhydrique, légèrement amère et bitumineuse, ce qui est bien assez.

On le voit, les caractères gustatifs de nos eaux sont aussi accusés que leur composition est chargée et leurs effets actifs. Elles ne doivent pas leur succès à un simple caprice, à une vogue principalement attribuable à un engouement de convention qui y pousse une société blasée, avide des plaisirs bruyants et des risques du jeu. La roulette et le trente-et-quarante sont étrangers à l'empressement que mettent les baigneurs à s'y rendre. Ce n'est pas d'elles qu'Alfred de Musset aurait dit, comme il le disait de Baden-Baden, dans des vers que tout le monde

sait par cœur, qui ont déjà cinquante ans, et qui reste-
ront éternellement jeunes :

..... D'eaux, je n'en ai point vu lorsque j'y suis allé ;
Mais, qu'on en puisse voir, je n'en mets rien en gage ;
Je crois même, en honneur, que l'eau du voisinage,
A, quand on l'examine, un petit goût salé (1).

C'est sur des propriétés organoleptiques et chimiques
sérieuses que leurs effets thérapeutiques sont fondés.

Malgré leur amertume, nos eaux ne sont pas impropres
à la boisson. M. le docteur Auphan fait observer (*des
Eaux minérales sulfureuses du midi de la France*, 1868, cité
d'après la brochure de M. Charvet) que, moins chargées
d'acide carbonique et de sels alcalins que les eaux d'Euzet, leurs voisines, elles ne sont pas, comme elles, laxa-
tives et digestives, et ne peuvent être bues qu'à faible
dose. Ce point paraît appeler des constatations nouvelles.
M. Béchamp a trouvé, dans le groupement méthodique
des principes immédiats de l'eau de la source THÉRÈSE,
rapporté à mille centimètres cubes, 48 centigrammes de
bicarbonate de magnésie, et dans celui de la source
ÉTIENNE, 74 centigrammes de la même substance, plus
3 centigrammes d'acide carbonique libre. L'un de nous,

(1) Sans vouloir atténuer les effets antidyspeptiques, anti-
rhumatismaux et antiscrofuleux des eaux de Bade, il est im-
possible de ne pas remarquer combien le jugement de M. Rotu-
reau, l'auteur des articles d'hydrologie médicale du *Diction-
naire encyclopédique des sciences médicales,* en cours de publica-
tion, se rapproche des appréciations du poëte : « *L'eau de cette
source a une saveur très-légèrement salée, n'ayant rien de dés-
agréable.*» (Tome VIII, 1868, p. 68.)

qui a étudié sur place les eaux des Fumades, a pu en ingérer plusieurs verres sans être le moins du monde incommodé. Entre la potabilité des eaux d'Euzet et celle des Fumades, il pourrait bien n'exister qu'une question de degré.

COMPOSITION CHIMIQUE

On ne peut mieux faire que de reproduire l'analyse opérée en 1867 par M. le professeur Béchamp, soit aux sources mêmes, soit au laboratoire de la Faculté de médecine de Montpellier. Ce savant range les eaux des Fumades parmi les eaux sulfatées, calcaires, magnésiennes et sulfhydriques, ne contenant pas de sulfures métalliques alcalins ou alcalino-terreux, mais seulement des sels métalliques dissous et de l'acide carbonique libre.

Les sulfures de calcium et de magnésium dissous dans une grande masse d'eau doivent être décomposés, après un temps plus ou moins long, en hydrates métalliques et en hydrogène sulfuré. Dans une eau contenant, comme celle des Fumades, de l'acide carbonique en partie à l'état de bicarbonate, en partie à l'état de liberté, si du sulfure de calcium se trouvait dissous, il se formerait du carbonate de chaux, du carbonate de magnésie et de l'acide sulfhydrique libre, conformément à l'équation suivante :

$$CO^2MgOCO^2HO + CaS = CO^2CaO + CO^2MgO + HS$$

C'est ce que la théorie a suggéré à M. Béchamp; c'est ce que l'expérience démontre.

On sait, en effet, par les expériences de Playfair :

« 1° Que les dissolutions des sulfures alcalins produisent une belle coloration pourpre, lorsqu'on y verse une dissolution de nitroprussiate de soude (nitroferricyanure de sodium); on note également que cette réaction se produit *instantanément ;*

» 2° Qu'une dissolution étendue ou concentrée d'hydrogène sulfuré, additionnée de nitroprussiate de soude ne se colore pas *instantanément,* et que, si l'action est prolongée, il se dépose du soufre, de l'oxyde de fer et du bleu de Prusse;

» 3° Qu'il suffit d'ajouter un peu de potasse ou de soude à la dissolution d'acide sulfhydrique pour que le réactif des sulfures détermine *aussitôt* la coloration pourpre caractéristique. »

Or, si l'on ajoute une dissolution de nitroferricyanure de sodium dans l'eau des Fumades, il ne se produit aucune coloration. Donc l'eau des Fumades, conformément à la première des trois expériences de Playfair, n'est pas une dissolution de sulfure alcalin.

Mais, au bout de quelques instants, la coloration bleue, révélatrice de la formation du cyanure de fer ou bleu de Prusse, apparaît par la réaction du nitroferricyanure sur l'hydrogène sulfuré, sous l'influence des carbonates alcalino-terreux contenus dans l'eau sulfureuse. Donc, conformément à la deuxième loi, l'eau des Fumades est une dissolution étendue d'hydrogène sulfuré.

La preuve qu'il en est ainsi, c'est que, si l'on ajoute, conformément à la troisième expérience de Playfair, un peu de potasse caustique, l'acide sulfhydrique forme instantanément du sulfure de potassium, qui se décèle de suite par la coloration pourpre caractéristique.

M. Béchamp constate aussi l'alcalinité de nos eaux et, de plus, la présence de la glucine et de l'azote. Voici le tableau comparatif, établi par lui, de la composition des sources Thérèse et Étienne:

	THÉRÈSE	ÉTIENNE
Acide carbonique libre........		0,0359
Acide sulfhydrique...........	0,0415	0,0973
Azote.....	13 cc.	18 cc
Bicarbonate de magnésie......	0,4883	0,5472
Sulfate de chaux......	2,1722	1,7838
— de potasse...........	0,0019	0,0030
— d'alumine....	0,0173	0,0213
— de glucine...........	traces	traces
— de soude....	0,0140	0,0226
— d'ammoniaque........	traces	traces
Hyposulfite de soude.........	0,0143	0,0084
— de protoxyde de fer	0,0014	0,0028
— de manganèse.....	traces	traces
— de cuivre........	traces	traces
Chlorure de sodium..........	0,0074	0,0063
Acide silicique..............	0,0337	0,0460
Matière organique bitumineuse.	indét.	indét.
	2,7505	2,4414

M. Béchamp termine son analyse par ces paroles : « Les boues contiennent du sulfure de fer ; la partie de leurs bases que l'acide chlorhydrique dissout contient beaucoup de chaux, de fer et d'alumine.

» Si maintenant on compare les eaux des Fumades avec toutes les autres de même nature, on les trouve incomparablement plus riches en éléments médicateurs. Il y a donc intérêt, à cause de cette précieuse nature de l'eau des Fumades, de les protéger par tous les moyens que la loi met à la disposition de l'administration. »

Voici, du reste, d'après M. Charvet (*op. cit.*), un tableau comparatif des analyses faites sur diverses sources, étrangères ou françaises, et sur celles des sources des Fumades, objet de cette étude. Ces analyses expriment, en volume et en poids, l'acide sulfhydrique d'un litre de liquide.

NUMÉROS D'ORDRE	NOMS des SOURCES MINÉRALES sulfureuses	NOMS des ANALYSTES	QUANTITÉS d'acide sulfhydrique	
			Volume exprimé en centimètres cubes par litre de liquide	Volume exprimé en fractions de grammes par litre de liquide
	SOURCES ÉTRANGÈRES DIVERSES		c.c.	gr.
1	Weilbach (Nassau)	Fresenius (1856)	90, 1	0,1387
2	Eilsen (Allemagne)	Dumesnil	75, 4	0,1161
3	Schinznach (Argovie)	Lœwig (1848)	63,54	0,0978
	SOURCES FRANÇAISES DIVERSES			
1	Uriage (Isère)	V. Gerdy	110,»	0,1694
2	Aix (Savoie)	J. Bonjean	26, 8	0,0413
3	Enghien (S.-et-O)	de Puysay et Leconte	26, »	0,0400
4	Allevard (Isère)	Dupasquier	24,75	0,0381
5	Bagnols (Lozère)	Dufresse	1,75	0,0027
6	Euzet (Gard)	Béchamp	1,42	0,0022
	SOURCES DIVERSES DES FUMADES			
1	Source **Étienne**	Béchamp (1867)	63,24	0,0973
2	Source Augustine	id. id	48,75	0,0749
	. . . .	. . . .	. . . . .	. . . . . .
	. . . .	. . . .	. . . . .	. . . . . .
	. . . .	. . . .	. . . . .	. . . . . .
3	Source **Thérèse**	Béchamp (1865)	26, 9	0,0415
4	Delbosc supérieure	Ossian Henry	16, 2	0,0250
5	Delbosc inférieure	id.	12, 9	0,0200
	. . . .	. . . .	. . . . .	. . . . . .
	. . . .	. . . .	. . . . .	. . . . . .
	. . . .	. . . .	. . . . .	. . . . . .

Il résulte de ce tableau que les trois premières sources des Fumades ne sont surpassées que par celles d'Uriage.

Ainsi que beaucoup d'autres eaux sulfureuses, les Fumades contiennent de notables quantités de cette substance gélatiniforme, azotée, *barégine* de Longchamp, *glairine* d'Anglada, blanche, rosée, ou à reflets métalliques, dont la structure intime occupe depuis longues années les chimistes et les naturalistes. Wurtz, l'illustre savant que la France vient de perdre au moment où ces lignes sont tracées, réservait le nom de *barégine* à la substance organique dissoute dans l'eau minérale, celle-ci prenant, par un degré suffisant de concentration, une teinte jaune plus ou moins foncée et exhalant alors une odeur sensible de bouillon. L'évaporation laisse un résidu brunâtre qui se charbonne par la chaleur en dégageant de l'ammoniaque, peut se redissoudre, au moins partiellement, dans l'eau et précipite abondamment par les sels de plomb. Les masses gélatiniformes, si considérables, dont il faut quelquefois désobstruer les tuyaux, mériteraient seules le nom de *glairine*. On revient aujourd'hui à l'opinion d'Anglada et on fait les deux mots entièrement synonymes. Du soufre et du fer existent dans ces gelées et y produisent des colorations métalliques chatoyantes. Les nuances rose, rouge carminé ou autres, qu'elles présentent, sont dues à des végétaux ou animalcules microscopiques divers, qui y vivent et y meurent. On y rencontre en abondance la *sulfuraire* de Fontan, corps organisé d'aspect confervoïde, ne pouvant vivre que dans les eaux dont la température ne dépasse pas 50 degrés, possédant des filaments très-ténus (de 1/400 à 1/1200 de millimètre), et que le vénérable professeur N. Joly (de Toulouse), correspondant de l'Institut, sépare du règne *végétal*, à cause des mouvements spontanés analogues à ceux des *oscillaires*, dont il l'a vue agitée, pour la placer dans le règne *animal,* ou plutôt sur cette limite encore indécise où semblent se confondre les deux règnes organiques.

Cette appréciation est empruntée à un savant mémoire de M. Joly, qui renferme les recherches probablement les plus récentes dont la glairine ait été l'objet. Ce travail vise la glairine des eaux pyrénéennes (1). Dépassera-t-on les bornes d'une sage induction scientifique en supposant que la glairine des Fumades ne doit pas en différer beaucoup ?

M. Joly estime :

Que la glairine pyrénéenne est une substance très-complexe, formée en grande partie de détritus d'une foule de végétaux, et surtout d'animaux inférieurs, parmi lesquels il a découvert une annélide sétigère (*Nœis sulphurea*) et un petit crustacé appelé par lui *Cyclops Dumasti;*

Que la matière organique azotée dissoute, sans doute la barégine de Wurtz, a la même origine ;

Que la *sulfuraire,* véritable *oscillaire,* devant être rangée dans le règne animal, est, pendant sa vie, bien distincte de la glairine; mais que ses détritus, ajoutés à ceux des autres micro organismes déjà cités, entrent pour une notable proportion dans la constitution de cette matière végéto-animale.

(I) *Études nouvelles sur la nature, l'origine et le mode de formation de la* GLAIRINE *ou* BARÉGINE, — in *Revue médicale et scientifique d'hydrologie et de climatologie pyrénéennes,* n° du 25 avril 1884, Toulouse.

CLIMAT

« L'établissement des bains des Fumades tire son nom d'un hameau qui est situé sur le versant occidental d'une montagne appelée *Costo caoudo*. Les bains se trouvent sur le versant méridional, à 131 mètres au-dessus du niveau de la mer. Ils sont protégés contre la violence du vent du nord et contre l'humidité du vent d'est par deux chaînes de collines qui courent du nord au sud, et forment une vallée de 11 kilomètres sur 2 de large. Dans cette vallée, coule du sud au nord une petite rivière appelée l'*Alauzène*. Ce cours d'eau, qui baigne le pied de l'établissement, y entretient en été une verdure charmante et des ombrages toujours frais. L'aspect de la plaine, que l'œil embrasse tout entière, est doux et reposant.

» Aux Fumades, l'air est pur et salubre. Pendant les ardeurs de l'été, la vallée s'ouvre aux effluves du *garbin*, vent alizé qui souffle régulièrement à midi et tombe avec le soleil couchant. De mémoire d'homme, m'a-t-on répété dans le pays, aucune épidémie n'a sévi dans cette contrée. »

M. le professeur A. Béchamp s'exprimait ainsi en 1868. Il n'y a pas lieu d'appeler de ce jugement.

APPLICATIONS MÉDICALES

Les eaux des Fumades s'administrent en bains, douches, étuves, inhalations, pulvérisations, et peuvent aussi, sous la surveillance d'un médecin éclairé, être administrées en boisson. Sauvages, il y a un siècle et demi, constatait ce dernier usage sans y découvrir aucun inconvénient. Le témoignage d'un homme aussi éminent ne peut pas être récusé.

En raison de leur composition sulfuro-bitumineuse, elles conviennent au premier chef dans les maladies de la peau, soit de nature herpétique, soit de nature scrofuleuse. Les habitants du pays les employaient de temps immémorial à la guérison de la gale des bestiaux. De nos jours, le professeur Hébra (de Vienne), MM. les docteurs Decaisne, médecin militaire belge, et Morisson, médecin militaire français, ont employé au traitement de la gale humaine les frictions d'huile de pétrole naturelle ou additionnée d'alcool à 90°, de baume du Pérou et d'essences aromatiques. La gale des bestiaux, anciennement traitée aux Fumades, devait être une maladie indéterminée dans laquelle l'existence du sarcopte n'avait pas été démontrée. Le peuple donne le nom de *gale* à une foule de maladies cutanées qui n'ont avec l'infection sarcoptique qu'un rapport plus ou moins éloigné. Il est possible que la gale vraie réclame un traitement local plus énergique que celui des bains des Fumades ; mais l'*eczéma*, l'*herpès*, le *prurigo*, l'*érythème de la marge de l'anus*, l'*inflammation des glandes en grappe du pourtour de la vulve*, qui s'accompagnent de démangeaisons humides si incommodes; l'*acmé*, le *lichen*, le *psoriasis*, le *pityriasis*, éprouvent par leur usage une amélioration sensible pouvant aller jusqu'à la guérison. Les localisations herpétiques sur les muqueuses bucco-pharyngienne et génito-urinaire *(psoriasis buccal, angine granuleuse, métrite, cystite, leucorrhée, écoulements uréthraux)* sont justiciables de même traitement.

Les diverses manifestations de la diathèse scrofuleuse (*adénites, abcès froids, engorgements indolents, plaies et ulcères à cicatrisation lente ou entravée, ophthalmies chroniques, croûtes au nez et ozène, maladies des os*) éprouvent un résultat analogue.

Des névroses diverses : *migraine, danse de Saint-Guy, névralgies faciale, intercostale, sciatique,* traitées et quelquefois guéries par les eaux sulfureuses en général et par celle des Fumades en particulier, cela paraît, à un coup d'œil superficiel, être une hérésie thérapeutique. Rien n'est pourtant plus logique et plus vrai. La médecine contemporaine, qui a si largement étendu les domaines de l'anatomie et de la physiologie expérimentale, en revient à la conception primante des états généraux sur les états locaux. Par delà le cri de l'organe souffrant, elle cherche la cause qui produit ce cri, et elle acquiert la conviction que souvent c'est une modification de tout l'organisme, — aiguë : affection ; chronique : diathèse, — qui engendre le désordre. Un médecin complet ne limite pas sa thérapeutique aux indications symptomatiques. Dans ces idées, on comprendra que les eaux des Fumades puissent soulager certaines maladies caractérisées par l'élément douleur. Une névralgie a résisté à tous les calmants et narcotiques connus employés *intùs et extrà.* Le malade désespéré rêve de suicide, — certains hélas ! l'accomplissent, — son médecin perd la boussole. Soudain on découvre, ce qu'un examen complet aurait dû faire savoir plus tôt, que le malheureux patient a été atteint dans sa jeunesse de quelque phénomène herpétique qui a disparu ; qu'un membre de sa famille, ascendant, descendant ou collatéral, a présenté ou présente quelque accident de même nature. C'est un trait de lumière. On administre le soufre, ou on envoie le malade aux eaux sulfureuses, et la guérison a lieu. Dans d'autres cas, la névralgie sera sous l'influence de la syphilis ou du paludisme ; alors ce n'est pas le soufre qui guérira, c'est le mercure et l'iodure de potassium ou le sulfate de quinine. La théorie est toujours la même : ne pas se fier aux apparences symptomatiques, chercher et reconnaître la nature réelle de la maladie observée.

Parmi les effets de la médication sulfureuse, la fièvre thermale, généralement passagère, et la poussée cutanée sont connues de tous les médecins. La dernière mérite principalement de fixer l'attention. Les exanthèmes qui apparaissent revêtent naturellement les caractères de l'affection ou de la diathèse latente, existantes chez les baigneurs. On a vu de vieux syphilitiques, qui se croyaient guéris depuis longtemps, être atteints, après quelques bains sulfureux, d'une roséole présentant la couleur tranche de jambon caractéristique. Sans les bains, on n'aurait pas soupçonné peut-être la persistance de la maladie, qui aurait pu se manifester plus tard par des phénomènes de cachexie incurable. Les eaux de Luchon produisent fréquemment cette révélation heureuse, qui tient à la composition matérielle du bain et non à la situation géographique du pays où le bain est pris. Les Fumades doivent donc posséder la même propriété.

Des *chlorotiques* y ont vu leur mal disparaître. N'oublions pas que nos eaux contiennent du fer, des traces de manganèse, du sel marin et de la chaux. Etant donnée, de plus, l'action tonique des bains sulfureux, surtout à chaleur modérée, il n'est pas étonnant que la chlorose, caractérisée par une atonie générale, l'appauvrissement du sang et des troubles digestifs, éprouve de l'amélioration par l'usage de cette association thérapeutique.

Les picotements cutanés produits par les bulles d'azote et d'acide carbonique exercent une action qu'il faut se borner à signaler, parce que sa nature, encore incomplétement connue, appelle de nouvelles études. Le mélange de ces bulles à l'atmosphère sulfurée des cabinets de bains ne paraît pas modifier d'une manière sensible l'action du gaz sulfhydrique. Celle-ci est tout à fait à l'ordre du jour.

L'expérience a parlé. Malgré les difficultés très-grandes d'expliquer scientifiquement l'action d'un grand nombre d'eaux sulfureuses dans les maladies de poitrine de longue durée (*bronchite chronique*, *phthisie pulmonaire*, quelquefois *emphysème pulmonaire*), cette efficacité s'impose et nul ne peut la mettre en doute. Que ces eaux agissent par une irritation substitutive qui ramène la maladie à l'état aigu, et que, en guérissant la sécrétion provoquée possédant ce dernier caractère, elles suppriment du même coup la sécrétion chronique ; que, par une action spéciale sur le poumon, elles tarissent les sécrétions, aident à la résorption de l'engorgement qui entoure le tubercule et facilitent dans celui-ci la substitution crétacée ; que, par un *remontement général*, —le mot est de Bordeu,— elles placent l'économie dans un état de vigueur et de robuste santé qui lui permet de repousser pour toujours ou pour un temps la pénétration du principe morbide ; que, enfin, elles jouissent contre le tubercule d'une action spécifique comparable à celle du mercure dans la syphilis ou du quinquina dans le paludisme, le fait est qu'elles agissent. La constance de cette action admise, il n'est pas aisé de déterminer le mode d'absorption sulfureuse, boisson, bains ou inhalations, qui la produit. Les trois modes doivent se combiner.

On s'occupe beaucoup, au moment présent, du *bacillus tuberculosus* de Koch, espèce de parasite, venu de l'extérieur, qui communiquerait aux sujets qui le reçoivent le germe de la tuberculose, et que l'on dit rencontrer dans les crachats des phthisiques sous forme de petits bâtonnets microscopiques, dans l'intérieur desquels on distingue souvent de quatre à six granulations arrondies considérées comme des spores proligères. La présence des bacilles dans les crachats coïnciderait avec la gravité des symptômes, leur disparition avec la guérison ou un amendement sensible, M. le docteur Niepce (d'Allevard) a institué des expériences très-intéressantes. Ayant reconnu que des phthisiques confirmés, soumis aux inhalations sulfureuses dans les salles disposées *ad hoc* à Allevard, se trouvaient beaucoup mieux, il a eu l'idée d'étudier l'action directe de ce moyen sur les crachats renfermant des bacilles. Des lapins inoculés avec ces derniers sont devenus tuberculeux au bout d'un mois. Des inoculations faites avec des crachats de même nature, ayant préalablement séjourné pendant vingt minutes dans une salle d'inhalation, restèrent sans effet. Ces mêmes crachats, ensemencés dans un liquide de culture, restèrent stériles. La respiration d'une atmosphère contenant de 3 à 6 pour 100 de gaz sulfhydrique est suffisante pour amener ces heureux résultats (1).

(1) *Mémoire sur la valeur diagnostique de la présence du mi-*

Nous n'avons pas à nous prononcer ici sur la valeur clinique de cette théorie, et nous acceptons comme vrais les faits exposés par M. Niepce. Or ce qui se passe à Allevard doit se passer aux Fumades, puisque nous avons aux Fumades des salles d'inhalation où se dégagent, en plus grande quantité, les mêmes gaz qu'à Allevard.

Nos eaux produisent dans l'économie une modification salutaire qui prévient ou éloigne le retour hivernal des catarrhes et des rhumes de poitrine, lesquels, tout le monde le sait, disparaissent ou s'amendent pendant la belle saison. Ceci s'applique spécialement aux catarrhes chroniques des vieillards. L'auteur d'une courte, mais substantielle brochure, parue en 1881 sous le couvert de l'anonyme (1), a insisté sur ce point, qui lui suggère les réflexions suivantes. Nous ne saurions mieux finir qu'en les reproduisant :

« On se borne en général à traiter ces catarrhes, à leurs époques d'exacerbation, par les moyens de la thérapeutique ordinaire. Mais c'est plutôt dans les intervalles de ces exacerbations, c'est-à-dire lorsqu'ils sont à l'état de moindre exacerbation, qu'il convient de chercher à modifier l'état de la muqueuse bronchique et d'atténuer la suractivité sécrétoire dont elle est le siége. C'est là un des sujets les plus intéressants des eaux des Fumades. »

crobe de Koch dans les crachats et de l'emploi du gaz sulfhydrique dans les salles d'inhalation de l'établissement thermal sulfureux d'Allevard. — Paris, Victor Masson, 1884.

(1) *La station thermale des Fumades (Gard) eaux sulfureuses et bitumineuses*, par le docteur X. Paris, Germer-Baillière, 1882.

GRAND ÉTABLISSEMENT DES FUMADES
GRAND-HOTEL

Les sources Thérèse et Étienne, dont il vient d'être question, forment les grands thermes des Fumades.

Ce grand établissement, dirigé par M. V. Faussigne fils, est situé dans un vaste parc très-ombragé.

L'hôtel de cet établissement, appelé le Grand-Hôtel, a été restauré et meublé à neuf ; il contient, avec son annexe, plus de cent chambres. Des appartements sont réservés aux familles.

Salons de conversation et de lecture, salles de café et de billard, journaux, etc.

En outre, un pavillon particulier, comprenant cinquante chambres avec cuisine commune, est à la disposition des baigneurs qui désirent faire leur ménage.

Durée de la saison : de juin à fin septembre

TARIFS :

1° HOTEL

	fr.	c.
Chambres et table d'hôte du Grand-Hôtel, service compris, par personne et par jour....	8	50
Chambres de l'hôtel, annexe et table d'hôte du Grand-Hôtel, service compris, par personne et par jour....	6	»

Conditions spéciales pour les enfants.

Prix spéciaux pour les domestiques.

Le prix des chambres du pavillon varie de 1 à 3 fr. par jour.

2° TRAITEMENT THERMAL

		fr.	c.
Bains	sans linge........	1	»
	avec linge........	1	25
Pulvérisations		»	75
Inhalations...............		1	»
Douches		1	50
Étuves...................		1	50

Omnibus à la gare Saint-Julien-de-Cassagnas, deux fois par jour, matin et soir.

Voitures à volonté dans l'Etablissement.

S'adresser pour les renseignements à M. Faussigne fils, directeur du Grand Etablissement des Fumades (Gard), par Saint-Ambroix.

Pour tout ce qui concerne la vente des eaux minérales des Fumades, s'adresser à la Pharmacie centrale à Alais, A. Perrier, pharmacien.

N.-B. — Un médecin (1) réside à l'établissement pendant la saison.

(1) MM. les Médecins sont instamment priés, dans l'intérêt de la bonne direction du traitement, de munir les malades d'une lettre contenant les renseignements nécessaires au docteur de l'Etablissement.

Distractions. — Promenades. — Excursions

Aux Fumades, on trouve tous les jeux de salon et de jardin les plus répandus. Tous les soirs, au grand salon, musique, soirées dansantes, etc...

Les promenades qui avoisinent l'établissement sont la fontaine d'Arlinde, la source artésienne et les grottes de Cals, etc., etc.

Comme excursions, nous pouvons mentionner : les grottes de Tharaux et de Brouzet, où de curieuses antiquités ont été découvertes ; le hameau de Suzon, qui occupe une partie de l'ancienne SEGUSTON, et où se trouvent les traces d'un oppidum ; les ruines des châteaux d'Allègre et de Bouquet ; le pèlerinage du Guidon, la plaine de Rivière, etc. ;

Les hauts fourneaux d'Alais, la Pise, la Levade et leurs environs ; les mines de la Grand'Combe et de Bessèges ; les usines de Salindres, etc. ;

La ville de Nimes, qui, après sa Maison-Carrée, ses Arènes, son Temple-de-Diane et sa Tourmagne, semblait n'avoir plus rien à offrir aux amis de l'antiquité, et où des fouilles récentes ont mis à découvert des morceaux qui font la joie des archéologues et des artistes : une Vénus de la décadence, une belle mosaïque, etc.

Près de Remoulins, le Pont-du-Gard.

Montpellier, Imprimerie centrale du Midi. — (Hamelin Frères.)